U0248269

Hello CC

Hello, I'm CC.

你好，我是CC。

CC是未来人保公司的光科技智能生物，是在光点聚集中诞生的光球智能型机器人，通过陪伴和守护人类创造和获得“光能”。

在一次任务中，CC被意外卷入时间裂缝，穿越到了2019年的杭州人保大厦，被人保收留并任职“暖心守护官”一职。由于穿越过程中能量过度消耗，也没有未来科技的支持，CC暂时没有足够的能量返回未来，过度虚弱使CC的语言功能失灵，只能发出“CC”的机械语调。大家根据他的语言习惯为其取名为CC。后来，CC清醒后恢复了语言功能。

CC的能量来源是“光能”，这种光能不是普通的自然光，是“心之光”——微笑，善意，守护，各种来自人类的积极正面的能量，这些能量光点会被他头顶的天线自动收集。

由于无法返回未来，CC决定在当前时空一边收集能量，一边积极守护和帮助人类。

日复一日的相处中，CC发现这个时空有太多人需要帮助，正义感爆棚的他决定留下，用自己的能力守护这个时空里的一切美好。

边涂色边学习安全知识哦

插座的插孔里有电，危险！不能把手伸进去哦。

阳台上的东西不要乱动哦，东西掉到下面会砸到别人，很危险哒！

注意！千万不可以给不认识的人开门！

不可以把手指
伸进转动的
电风扇里哦！
别乱攀爬
阳台的栏杆，
摔下去的话
会很痛哦。
洗衣机在转的时候
是在工作，不要
乱按按钮打扰它哟。

采购清单
苹果
萝卜
西蓝花

边涂色边学习安全知识哦

吃东西的时候要
小口小口慢慢吃，
不要一下子全吞进去哦。
吃东西前一定要
认认真真地洗手哦。
看到不认识的东西，
不可以随便吃哦！
水龙头里的水
不能直接喝！

288

288
浙A12

288
不可以在站台上奔跑哦，拉着爸爸和妈妈的手安心等车吧。
要有序排队上公交车哦，不可以插队。
等公交车停稳后，我们再上车哦。

没有座位的时候一定要抓好扶手，或者拉紧爸爸妈妈的手哦。
不可以在车的前面玩耍打闹！司机叔叔看不到你的。
浙A

今日点心
小面包

向日葵班
课表
阅读课

今日点心
小面包
我是你妈妈的同事。
千万不可以让其他人触摸或偷看自己的隐私部位！遇到这样的人应该及时告诉爸爸妈妈。
笔尖和剪刀都很危险，不可以拿尖的那头朝着别人哟。

不可以欺负同学！
也不能被同学欺负！
遇到矛盾一定要求助老师
或者爸爸妈妈，请他们来解决。
不管是“爸爸妈妈的同事”
还是“邻居”，
放学都不要和
不认识的人回家。

浙A 78369F

浙B·K668W
浙A D12345
BABY
IN CAR

边涂色边学习安全知识哦
头和手不要伸出车窗外哦，也不能往窗外乱扔东西。
jeep
浙A·JQ888
爸爸妈妈要专心开车，别打扰他们哦，也不可以乱碰方向盘和车上的按钮。
浙A·7836
19

浙B·K668W
12岁以下的小朋友不能坐在副驾驶座。
如果感到头晕或不舒服，一定要马上和爸爸妈妈说哦。
浙A·D12345
上车之后要先系好安全带哦。
BABY IN CAR

请勿戏水

玩秋千的时候，
一定要有大人
一起陪着哦。
请勿戏水
不可以在喷泉
或水池旁边玩哦。

滑滑梯时，注意要
等下面的人走了
再往下滑呀。
和其他小朋友一起玩的时候
一定要注意安全，
不然会受伤的。

请勿触摸

请勿触摸

小朋友们，
文明观展，
不可以随处乱爬哦！
看展览的时候，不要
乱摸玻璃展柜，要做
听话的乖宝宝！
请勿触摸
打喷嚏的时候，
要马上用纸巾或者
手肘捂住口鼻，
防止唾沫乱飞哦。

展览的物品也不能
随意触摸哦。
从外面回家后，
一定要认认真真地洗手哟。
请勿触
请勿触摸

凤起路
Fengqi Road
西湖文化广场
武林广场

EXIT
电梯
ELEVATOR
凤起路
Fengqi Road
电梯
请勿

不可以在地铁里
吃东西呢！
要先下后上，
有序上车哦。
等门开了之后，才可以
跨过黄线哟。

遇到问题，
小朋友们可以去找
站台的工作人员。
出口
EXIT
在扶梯上，不可以
将头探出去观望！
电梯
ELEVATOR
不可以在车厢
里面乱涂乱画。
的时候要抓好扶手，
要踩到黄线哦。

周年庆
CAUTION
WET FLOOR
小心地滑

服务中心
Service Center
Fashion House
It Girl

不要攀爬、翻越栏杆，
这样子非常危险的呀!
It girl
在湿滑的地面上不要乱跑，
这样子很容易摔倒的！
CAUTION
WET FLOOR
小心地滑

在商场里不要游戏打闹，
很危险哒！
休息区的座位
要让给需要的人哦！
在商场里面不可以乱
跑，要和爸爸妈妈
待在一起哦。

吃糖葫芦和棉花糖的时候，
不要到处乱跑，因为里面
有竹签子，会很危险的。

坐摩天轮的时候，
不要在座舱里
乱动哦。
在游玩前，要让爸爸妈妈
查看注意事项，选择安全
的活动参加哦。
不小心与家人走散的时候，
马上去找穿制服的
叔叔阿姨寻求帮助吧。

Hi^^ 我是C妹

CC是哥哥,我是妹妹。